BEI GRIN MACHT SICH IHR WISSEN BEZAHLT

AF152908

- Wir veröffentlichen Ihre Hausarbeit, Bachelor- und Masterarbeit

- Ihr eigenes eBook und Buch - weltweit in allen wichtigen Shops

- Verdienen Sie an jedem Verkauf

Jetzt bei www.GRIN.com hochladen und kostenlos publizieren

Sören Jensen

Vergleich des Basiswerkes Geographie: Physische Geographie und Humangeographie herausgegeben von Hans Gebhardt et. al. mit ähnlichen Werken zum Thema Humangeographie

GRIN Verlag

Bibliografische Information der Deutschen Nationalbibliothek:

Die Deutsche Bibliothek verzeichnet diese Publikation in der Deutschen National-
bibliografie; detaillierte bibliografische Daten sind im Internet über http://dnb.d-
nb.de/ abrufbar.

Impressum:

Copyright © 2011 GRIN Verlag, Open Publishing GmbH
Druck und Bindung: Books on Demand GmbH, Norderstedt Germany
ISBN: 978-3-640-99325-3

Dieses Buch bei GRIN:

http://www.grin.com/de/e-book/177529/vergleich-des-basiswerkes-geographie-
physische-geographie-und-humangeographie

GRIN - Your knowledge has value

Der GRIN Verlag publiziert seit 1998 wissenschaftliche Arbeiten von Studenten, Hochschullehrern und anderen Akademikern als eBook und gedrucktes Buch. Die Verlagswebsite www.grin.com ist die ideale Plattform zur Veröffentlichung von Hausarbeiten, Abschlussarbeiten, wissenschaftlichen Aufsätzen, Dissertationen und Fachbüchern.

Besuchen Sie uns im Internet:

http://www.grin.com/

http://www.facebook.com/grincom

http://www.twitter.com/grin_com

Inhaltsverzeichnis

1. Einleitung

Auf dem Büchermarkt gibt es viele Werke, welche sich mit der Humangeographie beschäftigen. Sie versuchen einen umfassenden, aber auch einleitenden Eindruck in dieses Forschungsgebiet zu vermitteln. Die meisten Werke, welche zur Übersicht dienen, ähneln sich sehr im Bereich der Themenauswahl. Die meisten unterscheiden sich jedoch im Aufbau und Schreibstil. Weiterhin gibt es viele Unterschiede im Informationsumfang der einzelnen Bücher. So wird in manchen Werken gänzlich „nur" die Humangeographie abgehandelt, wobei andere auch noch Aspekte der physischen Geographie behandeln. Die vorliegende Rezension vergleicht und bewertet das fünfte Oberkapitel „Humangeographie aus dem Fachbuch „Geographie – Physische Geographie und Humangeographie", welches 2007 erschienen ist und von H. Gebhardt, R. Glaser, U. Radtke und P. Reuber herausgegeben wurde, mit dem Buch „Einführung in die Anthropogeographie/Humangeographie: Grundriss Allgemeine Geographie" von Heinz Heineberg und mit dem Buch „Geographie – Eine globale Synthese" von Peter Haggett.

Im nachfolgenden spreche ich aus Gründen zur besseren Lesbarkeit und damit der Lesefluss nicht abreißt, nur von den Namen der Autoren bzw. den Herausgebern der Bücher. Bei „Geogrpahie – Physische Geographie und Humangeographie" nenne ich nur Gebhardt, bei „Einführung in die Anthropogeographie/Humangeographie: Grundriss Allgemeine Geographie" nenne ich Heineberg und bei „Geographie – Eine globale Synthese" nenne ich Haggett.

2. Vergleich

2.1 Aufbau

Gebhardt befasst sich mit allen Themen der Geographie, sowohl Physische Geographie als auch Humangeographie. Diese beiden Teildisziplinen sind klar getrennt und haben einen gut strukturierten Aufbau mit gut gewählten Unterthemen. Somit wird alles auf den ersten Blick gut ersichtlich. Beim Teil, der die Humangeographie behandelt, beginnt Gebhardt zunächst mit einem Einstieg in die Materie dieses Faches (S.569), handelt dann zunächst die Sozialgeographie ab (ab S. 579), erläutert dann die Geographien des Lebensräume (ab S. 601) und behandelt dann einzelne speziellere Teile der Humangeographie wie beispielsweise die Wirtschaftsgeographie oder die Geographie der Freizeit und des Tourismus.

Haggetts Werk hingegen bietet keinen klaren und für einen Laien gut ersichtlichen Aufbau. Er behandelt zwar ebenfalls beide Teildisziplinen der Geographie, diese werden jedoch nicht durch eigene Kapitel voneinander abgegrenzt. So lassen die Überschriften größtenteils nur erahnen um welche Geographie es sich gerade handelt. Haggett handelt vielmehr einen bestimmten Aspekt der Geographie ab und untersucht diesen mit Hilfe beider Teildisziplinen. So folgt beispielsweise dem Kapitel über die menschliche Bevölkerung das Kapitel über Ressourcen und Landschaften. Insgesamt ist der Aufbau etwas schwieriger und für den Leser nicht gleich ersichtlich.

Heineberg hingegen, welcher sich bei seinem Buch gänzlich auf die Humangeographie konzentriert hat, ist vom Aufbau her ähnlich wie bei Gebhardt. Beide behandeln dieselben Themen, sie unterscheiden sich lediglich in der Reihenfolge in welcher diese abgehandelt werden.

Im Endeffekt werden in allen drei Büchern die wichtigsten Teilbereiche der Humangeographie behandelt, alle bedienen sich einem großen Themenspektrum.

2.2 Schwerpunktsetzung

Bei der Schwerpunktsetzung unterscheiden sich Gebhardt und Heineberg kaum. Beide setzen sich zur Aufgabe die Sachverhalte der Humangeographie zu erklären und versuchen die Rolle des Menschen in diesem System darzustellen. Heineberg beschränkt sich weitestgehend darauf, die Theorien und Gesetzmäßigkeiten dieser Geographie zu erläutern. Gebhardt hingegen stellt Sachverhalte aus der ganzen Welt vor und setzt diese später in Beziehung zu den vorherrschenden Theorien.

P. Haggett versucht in seinem Buch einen Gesamteindruck beziehungsweise einen großen Überblick über das Fach Geographie als Ganzes zu geben. Somit gelingt ihm auch eine Betrachtung der Themen aus unterschiedlichen Perspektiven und Blickwinkeln, weil er stets beide Teildisziplinen und auch andere Wissenschaftsgebiete, wie beispielswiese die Geschichte, zu Rate zieht. So handelt er beispielsweise in Teil II „Die menschliche Bevölkerung" unter der Verbreitung des Menschen auf der Welt ab (S. 147 ff) und geht anschließend direkt auf die Bevölkerungsdynamik ein.

2.3 Verständlichkeit und Leseeindruck

Alle drei Bücher versuchen die Geographie, beziehungsweise die Humangeographie, verständlich und für den Leser zugänglich zu machen.

Gebhardt gelingt dies ausgesprochen gut, da er zunächst das Thema an sich beschreibt und danach erst anfängt dies zu erklären. In so genannten Exkursboxen werden schwierige und wichtige Begriffe erklärt und definiert, welche der Leser für das Textverständnis braucht. Weiterhin dienen diese Boxen der besseren Übersicht. Der Schreibstil und die Sprache dieses Buches sind einfach gehalten und somit auch für Laien gut verständlich.

In „Geographie – Eine globale Synthese" von Haggett wird ein neues Thema meist mit einem Besispiel eingeführt und veranschaulicht, danach beginnt er das Thema genauer zu beschreiben. Durch Beispiele werden die Themen für Laien gut nachvollziehbar und gut verständlich, da sie dadurch Bezug zur Thematik aufnehemen können. Im Text selbst sind wichtige Fachwörter blau und kursiv geschreiben. Diese dienen als Stichpunkte und können in einem Glossar am Ende des Buches, auf welches Gebhardt in seinem Werk verzichtet, nachgeschlagen werden. Insgesamt bietet diese Buch ebenfalls einen guten Leseeindruck.

Heineberg verhält sich in seinem Buch sehr theoretisch und gibt nur selten Beispiele zur Thematik. Insgesamt ist es schwieriger zu lesen, da der Leser sehr aufmerksam vorgehen muss ,um etwas zu verstehen. Auch in Heinebergs Buch sind wichtige Aspekte und Wörter im Text fett markiert, außerdem gibt es vereinzelt Kästen zur Erläuterungen von wichtigen Aspekten.

2.4 Layout und Abbildungen

Gebhardts Buch besticht durch großzügig angelegte Seiten, welche zum Lesen einladen. Das Buch birgt viele farbige Abbildungen, welche stets zum Thema passen. Jedes Thema wird mit einem großen gut ausgewählten Bild eingeleitet, welches das Interesse am Thema wachsen lassen soll. Beispielsweise bei Kapitel 15 „Sozialgeographie" (S. 578 ff.) ist ein Bild von einem Strand, welcher ziemlich stark von Menschen besucht ist. Bei diesem Bild fragt der Leser sich, was dahinter steckt: „Was hat ein überfüllter Strand mit Sozialgeographie zu tun?" Andere Bilder unterstützen das im Text bereits Gelesene. So wird beispielsweise auf S. 583 auf den Wandel der geographischen Lebensbedingungen eingegangen und die Ablösung des Dorfes zur Dominanz der Stadt erklärt. Im Anschluss verdeutlichen zwei ausgewählte Bilder die Unterschiede (Abbildung 15.3.2.). Grafiken und Diagramme sind gut erkennbar und relativ leicht verständlich, werden allerdings nur im Text erklärt und sind nicht zusätzlich noch mit einer Beschreibung versehen.

Haggets Buch hat ebenfalls eine gelungene Aufmachung, hat allerdings deutlich weniger und nicht farbige Bilder und Abbildungen im Gegensatz zu Gebhardt. Die Themen werden ebenfalls mit einem großen Bild eingeleitet, welche jedoch manchmal durch die mangelnde Koloration untergehen und nicht gut zur Geltung kommen. Grafiken und Diagramme sind gut erkennbar und werden sinnvoll eingesetzt. Diese werden neben dem Text zusätzlich am Rand des Buches kurz erläutert.

In „Einführung in die Anthropogeographie/Humangeographie: Grundriss Allgemeine Geographie" von Heinz Heineberg wirkt das Layout und die Aufmachung des Buches eher veraltet, obwohl das Buch 2006 erschienen ist. Dadurch wirkt es auch, nicht zuletzt aufgrund der kleinen Schrift, nicht sehr ansprechend. Die Überschriften der einzelnen Unterkapitel sind lediglich fett geschrieben und heben sich insgesamt nicht gut vom eigentlichen Text ab, da dieser direkt an der Überschrift anschließt. Heinebergs Werk hat nur wenige und dazu noch überwiegend schwarz-weiß Bilder, welche den Text allerdings gut unterstützen. Es gibt viele Diagramme und Zeichnungen, welche die theoretische Absicht des Buches nochmals unterstreichen. Diese sind gut zu erkennen und unterstützen den gelesenen Text ebenfalls.

2.5 Didaktische Qualität

Für den Versuch einen guten Überblick über die gesamte Geographie darzustellen, sind alle drei Werke sehr gut geeignet, wobei Gebhardts Buch durch wichtige Themen, welche zusätzlich gesondert behandelt werden, hervor sticht. Man kann sich in kurzer Zeit bei Gebhardt und Haggett einen guten Überblick über ein Thema verschaffen, ohne ständig Fremdwörter nachschlagen zu müssen. Bei Heineberg bedarf dies meist etwas mehr Zeit und ein größeres Vorwissen.

2.6 Aktualität der Bücher

Da die Welt, in der der Mensch lebt, durch die Globalisierung, das ständige Wachsen der Erdbevölkerung und das häufige Dazukommen neuer Bedürfnisse für den Menschen eine sehr schnelllebige ist, kann kein Buch auf dem neuesten Stand der Forschung sein. Dies ist allein schon nicht möglich, da sich beispielsweise eine Stadt ständig verändert und wächst, und dadurch alte Theorien überarbeitet werden müssten.

Die Themen, die in allen drei Büchern behandelt werden, sind aber keineswegs als falsch und veraltet anzusehen, da sie an historischen Erkenntnissen festgeschrieben worden sind, genauso wie bei speziellen Theorien. Beispielsweise treffen manche Theorien heute nicht mehr zu, da sich alles ständig weiterentwickelt.

Durch die Erscheinungsjahre, Gebhardt von 2007, Haggett von 2003 und Heineberg von 2006 sind die meisten Sachverhalte auch heute noch aktuell. Löblich ist es daher, dass es bei Gebhardt einen hohen Gegenwartsbezug gibt.

Um allerdings aktuell und auf dem neuesten Stand zu sein, sollte man jedoch neuere Werke und vor allem Fachzeitschriften hinzuziehen.

3. Fazit

Um einen Einstieg und einen guten Überblick zum großen Thema „Humangeographie" zu erhalten, halte ich „Geographie – Physische Geographie und Humangeographie" von Gebhardt am Gelungensten, da dort zunächst neben der Humangeographie auch die physische Geographie behandelt wird und es insgesamt durch viele Beispiele und Exkurse zum Ausführen der Themen punktet. Als ersten von zwei Kritikpunkten führe ich zunächst das fehlende Glossar an, dies würde der Funktion als Nachschlagewerk weiter und besser unterstützen. Als zweiten Kritikpunkt vermisse ich ab und zu die Detailtiefe in manchen Themenbereichen, da dieses Werk eben doch nur einen Einstieg ins Thema geben soll.

Insgesamt kann man das Werk von Gebhardt aber jedem Geographie- Lehrer, -Schüler und auch -Studenten empfehlen, in dieses Werk zu investieren, da dies den besten Gesamtüberblick verschafft und von den drei Werken am zufriedenstellensten ist.

Literaturverzeichnis

GEBHARDT, H./GLASER, R./RADTKE, U./REUBER, P.(Hrsg)(2007): Geographie. Physische Geographie und Humangeographie. München: Elsevier. Darin Teil V. Humangeographie

HAGGETT, P. (2006): Geographie. Eine globale Synthese. Stuttgart: Ulmer

HEINEBERG, H. (2003): Einführung in die Anthropogeographie / Humangeographie. Paderborn: Schöningh